AF312176

EXTRAIT

DU

RAPPORT SUR LA PRIME D'HONNEUR

DANS LE DÉPARTEMENT DE LA HAUTE-SAONE,

PAR M. L. RENARD.

BESANÇON,

IMPRIMERIE ET LITHOGRAPHIE DE J. JACQUIN,

Grande-Rue, 14, à la Vieille-Intendance.

1869.

M. LE COMTE DE LÉNONCOURT

A BUSSIÈRES,

Canton de Rioz, arrondissement de Vesoul, 36 kilomètres de Vesoul,
14 de Besançon.

Quel est l'heureux ou plutôt le savant lutteur que nous trouvons encore debout?

Il a donc porté bien haut le drapeau de l'agriculture comtoise, celui qui reste seul sur la brèche, quand, avec des titres réels comme ceux que nous venons d'énumérer, les Patey, les d'Andelarre, n'ont pu atteindre le but.

Elle est donc bien belle, la ferme de ce privilégié?

Oui, Messieurs, la ferme qui nous reste à examiner est une perle fine, mais une perle d'autant plus précieuse qu'elle est faite avec la matière la plus commune, que le secret de cette métamorphose nous est révélé, et que partout dans la Haute-Saône, il peut être mis en pratique.

Elle est d'autant plus attrayante, cette ferme, que, prise dans les conditions ordinaires du pays, morcelée comme toutes les terres de la Haute-Saône, elle n'en a pas moins réalisé des améliorations immenses et affirmé ce principe que, même sur des terres morcelées, on peut faire de la culture intensive et productive.

Oui, Messieurs, c'est un éminent agriculteur, le lauréat de la prime d'honneur, qui s'est donné pour mission d'améliorer en même temps sa terre et celle de son voisin; qui a appelé, provoqué l'imitation, et est devenu ainsi le point de départ d'une prospérité qui s'étendra et deviendra générale dans la contrée ; le pionnier chargé de révéler les ressources qui doivent fournir au pays les éléments de la richesse rurale.

Pour son œuvre, il n'a pas manqué d'appeler à son aide le capital, ce grand agent de la production, sans lequel il n'est pas possible d'arriver à un résultat. Il a su démontrer que le capital d'amélioration appliqué aux constructions, au drainage, à l'assainissement, au chaulage, peut constituer un placement rivalisant avec les placements industriels.

Comme M. le marquis d'Andelarre, M. le comte de Lénoncourt, dont il faut enfin vous dire le nom, aime la charrue.

Au séjour des villes, il a préféré celui de la ferme, aux brillantes carrières qui lui étaient ouvertes par son nom, sa fortune, son éducation, il a préféré l'agriculture : c'est sa passion.

Ne le lui reprochons pas, Messieurs; bien au contraire, souhaitons ardemment que beaucoup suivent son exemple : la société a tout à y gagner.

C'est en 1860 que M. le comte de Lénoncourt a entrepris l'exploitation de son domaine de Bussières, qui compte :

46 hectares		de terres en culture.
32		de prairies naturelles.
14		de bois.
1	50	ares de vignes.
Total 93	50	

Composition du domaine.

Le domaine est morcelé et les pièces éparses à travers tout le territoire.

Si on en excepte quelques-unes, elles varient entre une contenance d'un tiers d'hectare et un hectare.

Le sol est accidenté : les pentes ne sont pas fortes, la couche arable varie ; on y rencontre des terres d'alluvion ancienne, des cailloux roulés, des terres sablonneuses, plus rarement des argiles calcaires et des terres siliceuses.

Le sous-sol est perméable ; la couche arable profonde et fertile.

Les prés sont situés dans la vallée de l'Ognon ; quelques-uns sont submergés lors des débordements de cette rivière, ce qui suffit pour les fertiliser : il n'y a donc pas de système d'irrigation.

Les vignes ont peu d'importance dans l'exploitation ; M. le comte de Lénoncourt ne les cultive que dans les coteaux ayant trop d'inclinaison pour permettre le passage de la charrue et des instruments. Le vin est employé aux besoins de la maison.

Les bois qui existent sur ce domaine ont été créés par M. le comte de Lénoncourt ; ils ont été plantés à la charrue, avec un plein succès, sur des friches qu'il n'était pas possible de mettre en culture, soit à cause de leur inclinaison, soit par suite du peu d'épaisseur de la couche arable.

Changement d'assolement.

Lorsque M. le comte de Lénoncourt a entrepris le faire-valoir de son domaine, ses terres étaient soumises à l'assolement triennal et à la vaine pâture.

Sa première pensée a été de remplacer cet assolement par un autre plus riche, de substituer à la jachère morte les prairies artificielles et les racines, qu'il regardait comme la base de toute exploitation productive, de toute culture intensive.

Mais ici se présentaient des difficultés sans nombre : et le morcellement de la propriété, et la vaine pâture, et, comme conséquences, l'insuccès dans les tentatives faites pour donner de l'extension aux prairies artificielles,

et le manque de chemins pour arriver à la plupart des
parcelles enclavées et inaccessibles dans bien des saisons.
Joignez à cela la routine, les habitudes, le besoin de pas-
ser sur autrui et d'user d'un droit, profitable ou non.

Mais M. le comte de Lénoncourt est un de ces hommes
à fortes convictions, il est doué d'une indomptable
énergie.

Ces difficultés ne l'arrètent pas un instant, il déclare
bravement la guerre à la vaine pâture qu'il a juré d'anéan-
tir dans la commune, au grand profit de ses concitoyens.

J'ai dit bravement, Messieurs, le mot n'est pas trop
fort, car il fallait être brave, avoir toute l'activité et l'énergie qui caractérisent cet éminent agriculteur, pour réaliser
une semblable réforme sans le secours de la législation.

Que voulait M. le comte de Lénoncourt? Que deman-
dait-il aux habitants? Qu'ils renonçassent à la vaine
pâture, qu'ils ouvrissent des chemins donnant accès à
toutes les parcelles du territoire.

Quels étaient ses moyens d'action? L'exemple, la per-
suasion, la patience; ils lui suffirent, comme nous allons
le voir.

Suppression de la vaine pâture.

Ayant obtenu le concours de quelques habitants assez
intelligents pour comprendre ses idées et suivre ses con-
seils, il ne fut pas seul au début pour couvrir de prairies
artificielles les pièces de terre dont l'accès était possible
en tous temps.

Ces prairies furent gardées soigneusement contre la
dent des animaux qui parcouraient les parcelles voisines;
on eut soin de faire connaître les bénéfices réalisés sur
le nombreux bétail nourri à l'étable par M. de Lénoncourt et par ses adeptes.

De ce moment le nombre des prairies artificielles aug-
menta, et par contre, celui des parcelles à parcourir

diminua, au point que leur accès devint de plus en plus difficile et que la vaine pâture ne s'exerça plus qu'accidentellement.

C'est alors que la population demanda elle-même la suppression de ce droit, auquel elle était prête à renoncer, et que M. de Lénoncourt, profitant de l'instant favorable, lui fit comprendre que cette mesure en entraînait une autre, la création des chemins ruraux, et obtint d'elle que ces chemins seraient livrés gratuitement et à moitié par les propriétaires riverains.

C'est ainsi que la vaine pâture fut abolie et que, sur le territoire de Bussières, il ne resta pas une propriété à laquelle il ne fût possible d'accéder en tous temps.

Assolement.

Ce résultat obtenu, M. de Lénoncourt régla son assolement ainsi qu'il suit :

1re année, racines avec fumure ;

2e année, blé ;

3e année, trèfle et vesces par moitié ;

4e année, avoine.

Les terres en luzerne et en esparcette restent en dehors de la rotation.

Bien ensemencée, bien soignée, une luzerne dure de huit à dix ans ; quand elle est épuisée, elle rentre dans la sole à laquelle on reprend une portion de terre pour la remplacer.

Les récoltes se trouvent donc réparties sur le domaine ainsi qu'il suit :

Prairies naturelles	32 hectares.
Racines —	8
Plantes fourragères	8
Artificielles	16
Total,	64 hect. fourrag.

Blé . . . . 8 ⎱
Avoine . . . . 8 ⎰ 16 hect. céréales.
Vigne. 1 50

Total général, 81 50

Nous ne mentionnons pas les bois.

Ainsi, sur une exploitation de 81 hectares, 64 sont consacrés aux plantes destinées au bétail ; 17h 50 seulement fournissent des céréales et du vin.

Produits en céréales.

On comprendra qu'avec de telles proportions les engrais sont abondants, les récoltes belles.

Voici, du reste, un extrait des livres de l'exploitation qui établit le rendement de la récolte visitée par la commission, c'est-à-dire la récolte de 1868.

*Récoltes de l'année 1868 dans l'exploitation de **M.** de Lénoncourt, à Bussières (Haute-Saône), 17 novembre 1868.*

			A l'hectare.	Nous ne pouvons donner le prix de revient, les comptes de l'année n'étant pas réglés.
Froment	10h 53a	378 hect. 08	36 hect.	
Avoine.	8 20	344 40	42	
Fourrages naturels.	27 »	165,000 kil.	6,000 kil. 01	
Fourrages artificiels.	25 »	285,000	11,000 04	Compris les fourrages verts, tels que maïs, vesces, etc.
Racines	5 25	155,000	29,500 »	

Quoique l'année 1868 soit une année exceptionnelle, et que le rendement en grains soit bien supérieur à celui d'une année moyenne, ces chiffres ont leur signification, et nous pourrions ne rien y ajouter.

Cependant nous ferons remarquer que la jachère **morte** est complétement supprimée sur le domaine, qu'elle est avantageusement remplacée par les récoltes sarclées ; que toutes les terres de l'exploitation sont dans un état de propreté remarquable ; que les prairies naturelles et artificielles sont hersées vigoureusement chaque année au printemps ; que les prés les plus rapprochés du bâtiment sont arrosés avec le purin ; que les plus éloignés sont fumés tous les trois ans, en automne, avec des engrais de ferme à l'état solide ; qu'enfin les plus humides sont sillonnés par des rigoles d'assainissement.

Amendements.

M. de Lénoncourt emploie comme amendements la chaux, le plâtre, la cendre de bois. La chaux dans les terres siliceuses, le plâtre sur les prairies artificielles, la charrée sur les prairies naturelles. Ce dernier amendement produit les meilleurs et les plus durables effets sur les prairies de l'Ognon, répandue à raison de 160 hectolitres par hectare ; la cendre lessivée quintuple le produit de ces prairies si l'on prend soin de puriner en même temps.

Ajoutons que ce magnifique résultat est acquis pour 20 ans.

Le prix de la charrée est de 1 fr. 20 c. l'hectolitre rendu sur le pré, ce qui porte les frais d'amendement pour un hectare à 200 fr.

Drainage.

M. de Lénoncourt a drainé 6 hectares de terres arables. Il emploie les pierres par raison d'économie, voulant par une seule opération atteindre deux buts : assainir certaines pièces trop humides, tout en débarrassant d'autres parcelles de pierres qui les encombrent et que la charrue sous-sol a fait venir à la surface.

Il draine à un mètre de profondeur ; les fossés sont remplis de 50 centimètres de pierres ; ces pierres sont recouvertes de joncs, de roseaux, afin que les terres destinées au remplissage ne coulent pas à travers.

*

Labours.

Le mode d'exploitation nécessite de fréquents labours : tous les travaux doivent être opportunément exécutés ; pour cela, les attelages ne peuvent être composés que de forts chevaux, c'est ce qui a lieu. Ces animaux sont vigoureux et soumis à une alimentation substantielle.

Les labours se font à la charrue Dombasle, avec avant-train.

Pour les labours profonds et atteignant de 35 à 40 centimètres, on emploie la grande charrue renforcée et 4 chevaux.

Pour les labours ordinaires, 25 à 30 centimètres, la charrue moyenne et 3 chevaux.

Pour les semailles, la petite charrue attelée de 2 chevaux.

Les labours se font en planches légèrement convexes ; elles ont de 20 à 25 mètres de largeur.

Les labours ont lieu toute l'année : aussitôt qu'une céréale est récoltée, on s'empresse de retourner le chaume, particulièrement après la récolte des avoines, afin de préparer le sol pour les racines qui doivent suivre.

Ce labour est superficiel, de manière à permettre la germination des graines qui peuvent rester sur la terre ; il est suivi quelque temps après d'un coup de charrue énergique, qui se répète pendant l'hiver toutes les fois que le temps le permet.

Outre ces trois labours, on en donne deux au printemps, mais moins profonds ; ceux-ci précèdent les semailles, qui se font du 15 au 20 avril.

Les avoines sont semées sur un labour exécuté en automne avec un simple coup de herse au printemps.

Les blés, suivant les racines, sont semés sur un seul labour immédiatement après la récolte.

Les cultures en lignes sont faites à la houe à cheval et complétées par des binages à la main.

Enfin, on emploie, suivant les saisons et les besoins, le scarificateur, les herses plus ou moins énergiques, et les rouleaux-squelettes ou les rouleaux en bois.

Semailles.

Les céréales se sèment à la volée, à raison de 2 hectol. 33 pour le froment, et 3 hectolitres pour l'avoine.

Pour toutes les plantes sarclées, on emploie le rayonneur, et les semis se font en place.

Moissons.

Les moissons sont coupées par la faux à 15 francs l'hectare ; elles sont mises en javelles à ce prix ; l'exploitant doit, en outre, pourvoir à la confection des gerbes et à la rentrée.

Fenaisons.

Les foins sont aussi coupés à la faux ; la faneuse Nichelsons et le râteau à cheval rendent les plus grands services, en activant énormément la récolte, tout en diminuant les frais.

Rentrée des récoltes.

Les récoltes de toutes natures, moissons et fourrages, sont rentrées dans les granges ; les racines sont conservées dans des caves ou des silos, à proximité des lieux où elles doivent être consommées.

Bâtiments.

Les bâtiments sont au nombre de quatre ; deux ont été construits par le concurrent ; les deux autres répondaient autrefois à tous les besoins de l'exploitation du do-

maine ; aujourd'hui ils seraient complétement insuffi-
sants.

L'un d'eux, qui servait de maison de ferme, est con-
sacré à la fruitière et contient aussi de petits logements
d'ouvriers.

L'autre est un moulin que M. de Lénoncourt a réparé
et dans lequel il a installé une forge, une scierie circu-
laire, une huilerie et la machine à battre servant à l'exploitation.

Ces divers appareils sont alternativement mis en mou-
vement par un moteur hydraulique alimenté par un
réservoir supérieur; celui-ci, dû aussi à l'initiative de
M. de Lénoncourt, est formé par la concentration des
eaux nuisibles enlevées aux parties marécageuses des
terrains supérieurs.

Le premier bâtiment, construit depuis que M. de Lénoncourt a entrepris le faire-valoir de son domaine,
comprend les écuries des chevaux, celles des élèves, la
porcherie, la grange, les fenils, les logements des do-
mestiques et les greniers à grains.

A l'extrémité de ce bâtiment est un appendice comprenant une petite écurie pour l'élevage des veaux et un
hangar pour réunir les instruments d'extérieur.

Le second bâtiment, construction remarquable et bien
réussie, contient une étable pour 52 têtes de l'espèce
bovine; à côté, un silo ou grand magasin à racines et
une chambre à fermentation pour préparer la nourriture
du bétail en hiver.

Une vaste grange, ou plutôt un immense magasin à
fourrages, règne sur tout cela; on y accède de plain pied,
et les voitures y pénètrent au moyen d'une levée cons-
truite à cet effet.

Une galerie est ménagée lors de la mise en tas des
fourrages dans tout le pourtour de ce fenil, et permet de
distribuer aux animaux, non-seulement les fourrages

secs, mais la nourriture en vert qui tombe dans les rateliers par des trappes ménagées dans le plancher.

Les écuries des chevaux sont larges, élevées, parfaitement éclairées; elles sont plafonnées; des cheminées permettent à la vapeur et aux exhalaisons ammoniacales de se dégager.

La porcherie offre toutes les conditions nécessaires pour faciliter le service.

L'étable des bêtes bovines est large, élevée; l'air et la lumière y pénètrent abondamment. Un vaste trottoir permettant l'introduction des voitures règne d'un bout à l'autre; à chaque extrémité se trouve une porte; à droite et à gauche sont placés les animaux.

Ornée de 52 vaches, cette étable offre un aspect grandiose; son prix de revient, 24,000 fr., est relativement peu élevé.

Chevaux.

Les chevaux sont employés à tous les travaux; ils fournissent 10 heures de travail pendant l'été, et 8 heures en hiver; ils sont de taille moyenne, de toutes races.

Les poulinières viennent d'un croisement boulonnais et percheron; elles sont couvertes par des demi-sang; les produits sont vendus, au sevrage, de 200 à 350 fr.; les chevaux de travail sont achetés dans le pays à des prix peu élevés; quelquefois ce sont des chevaux fatigués auxquels le service de la charrue est salutaire, et qui peuvent être revendus à bénéfice après un an de travail.

Les chevaux de taille ordinaire reçoivent en moyenne par jour 10 kilogrammes de foin, 6 litres d'avoine, 2 litres de son.

Les chevaux de grande taille reçoivent 12 kilog. 500 de foin, 8 litres d'avoine et 2 de son.

La ration d'avoine est augmentée dans le moment des

grands travaux et est portée à 10 litres pour les premiers, et à 12 pour les autres.

Cette nourriture est distribuée ainsi : 1er repas, le matin à 5 heures; 2e repas, en rentrant du travail, c'est-à-dire à 11 heures; 3e repas, le soir à 6 heures.

Les chevaux sont chaque fois conduits à l'abreuvoir, et reçoivent en outre de la paille à discrétion. Enfin ils ne rentrent jamais sans être brossés et étrillés, et tous les mois, pendant trois jours, chaque cheval reçoit le matin une poignée de sulfate de soude mélangée à une poignée de son.

Vacherie.

Tout le travail des vaches consiste à rentrer pendant l'été leur nourriture; on prend à tour de rôle celles qui ont l'habitude du joug. Comme elles sont soumises à la stabulation, cet exercice, loin de leur nuire, leur est salutaire.

Trois races distinctes et deux croisements sont représentés dans l'étable :

1° Race fémeline;

2° Race fribourgeoise;

3° Race Schwitz;

4° Croisement fémelin tourache.

5° Enfin, croisement Ayr-Schwitz.

Il résulte des expériences faites par M. de Lénoncourt, que la vache fémeline, produisant de 7 à 8 litres de lait par jour, en moyenne, est celle qui s'entretient avec la plus faible ration, mais qu'elle est plus exigeante sur la qualité des aliments;

Que la vache fribourgeoise peut donner 8 à 9 litres de lait par jour, qu'elle est moins délicate que la première, et s'accommode plus facilement de fourrages de médiocre qualité, mais exige une ration beaucoup plus considérable;

Que la vache Schwitz, donnant de 9 à 10 litres de lait, n'exige qu'une ration ordinaire ; moins difficile pour la qualité de la nourriture, elle se contente de fourrages que les autres dédaignent.

Or, comme dans ces conditions, cette race est encore la plus laitière, M. de Lénoncourt aurait tout intérêt à la substituer à ses animaux d'autres espèces, et ce n'est pas sans raison qu'il travaille en ce moment pour arriver à ce résultat.

Le croisement tourache-fémelin est de peu inférieur pour la production du lait à la vache Schwitz ; il a l'avantage de s'engraisser plus facilement.

Les croisements d'Ayr ont produit les meilleurs résultats, en donnant à la race Schwitz plus de légèreté, plus d'aptitude à prendre la graisse, tout en lui conservant ses qualités laitières.

La ration d'hiver se compose, en moyenne, pour une tête, de 8 kilogr. de fourrages secs, 11 kilog. de nourriture fermentée.

Celle-ci est composée de :

6 kil.		de betteraves.
2		de foin haché.
0	750 gr.	de tourteaux.
0	050	de sel.
2	200	de balles de blé ou d'avoine.

Total, 11 kil. 000

Pendant l'été, les animaux reçoivent à discrétion du maïs, du trèfle, de la luzerne, en un mot des fourrages verts.

La nourriture d'hiver, pour une tête, peut être évaluée à un prix de revient variant entre 0 fr. 75 c. et 0 fr. 85 centimes, selon la race ; celle d'été à un chiffre sensiblement inférieur.

Nourriture d'hiver.

8 kil.		foin,	0ᶠ 36ᶜ
6		betterave,	0 15
2		foin haché,	0 12
0	750 gr.	tourteaux,	0 10
0	050	sel,	0 01
2	200	balles,	0 06
Totaux, 19	»		0 80

Nourriture d'été.

50 kilogr. de luzerne ou trèfle verts, représentant en foin normal 12 kilogr. d'une valeur de 60 cent.

Les veaux sont livrés à la boucherie au plus tard à six semaines ; à cet âge, leur poids varie de 75 à 100 kilogrammes, suivant les races. Quelques animaux de choix sont réservés pour la reproduction.

L'engraissement est pratiqué dans l'exploitation sur une partie des sujets que renferme l'étable ; par ce moyen, on se défait des vaches qui ne sont pas suffisamment laitières, de celles qui sont retardées dans le vêlage, enfin de celles qui prennent trop d'âge.

On pourvoit à leur remplacement par l'achat de vaches prêtes à mettre bas.

Celles qui doivent être livrées à la boucherie sont nourries fortement, alors même qu'elles donnent encore du lait, de telle sorte qu'elles atteignent un degré d'engraissement convenable un mois après qu'on a cessé de les traire.

Le prix moyen d'une vache en bon âge, prête à vêler, est de 350 francs ; le poids varie entre 500 et 700 kilogr. chair nette.

On trait les vaches à la main ; trois Suisses sont attachés à la vacherie.

Fruitière.

Le lait est employé à la fabrication du fromage dit de Gruyère; un homme spécial est chargé de cette opération.

Dans l'intention de diminuer ses frais généraux, mais surtout de faciliter les progrès agricoles chez les cultivateurs de la commune, M. de Lénoncourt, qui pouvait fabriquer seul, a préféré monter une fromagerie en société avec eux.

Une fruitière a donc été installée, d'après la méthode pratiquée en Suisse, dans un chalet destiné à cet usage.

Un fromager a été exclusivement chargé de la fabrication du fromage, des soins qu'il réclame jusqu'au jour de la vente, de la tenue du journal et de la distribution des produits.

Le but qu'il se proposait a été complétement atteint ; l'installation de cette fruitière, ses résultats avantageux, ont favorisé le développement de la culture des fourrages et des racines, et amené le cultivateur associé à donner à ces plantes les soins et les engrais nécessaires.

Les animaux, recevant, de leur côté, une nourriture plus abondante, sont en voie de progression et rendent tous les ans davantage.

Chaque jour on confectionne un fromage avec le lait des deux traites, celle du soir et du lendemain matin.

La première est conservée pendant la nuit, écrémée le matin et employée en même temps que l'autre, aussitôt que cette opération est faite.

Il faut de 10 à 11 litres pour un kilogramme de fromage, ce qui porte le prix de revient à 0 fr. 90 c. le kilogramme.

Si nous prenons pour base de nos appréciations le prix

de la nourriture des vaches et leur produit en lait ; si nous supposons que les fumiers paient les litières et les soins, nous arriverons à cette proportion :

$$\frac{0.80 + 0.60}{2} = \frac{0.70}{8.7} = 0.08 \times 11 = 0.88 \text{ cent.}$$

C'est-à-dire 0 fr. 80 c., nourriture d'un jour d'hiver, plus 0 fr. 60 c., nourriture d'un jour d'été, divisé par 2, donne 0 fr. 70 c., nourriture normale, divisé par 8 litres 7, produit en lait d'un jour, donne 0 fr. 08 c., prix du litre, multiplié par 11, quantité nécessaire pour 1 kilog. de fromage, donne 0 fr. 88 c., prix de ce kilogramme.

Outre le bénéfice à réaliser sur le fromage, qui revient aux sociétaires à 0 fr. 88 c. le kilogr., comme nous venons de le voir, on retire encore de la crème provenant de 300 à 350 litres de lait (quantité employée chaque jour à Bussières) : 1° 3 kilogr. de beurre valant 7 fr.; 2° ce qu'on appelle le séret, 3 kilogr., qu'on consomme ou réduit en beurre et qui a une valeur de 3 fr.; 3° enfin, le petit-lait, qui est une précieuse ressource pour l'alimentation des porcs.

Par les soins du fruitier, la quantité de lait apportée par chaque sociétaire est enregistrée chaque jour sur un livre spécial ; une colonne du registre est réservée à chacun : de cette manière, les comptes sont toujours à jour, au moyen d'une addition qui fait connaître l'apport de chaque sociétaire.

Aussitôt qu'un fromage est sorti des presses, il est attribué au sociétaire dont l'avoir est le plus élevé ; en d'autres termes, à celui qui a dans sa colonne le plus grand nombre de litres de lait. Ce compte est débité de la quantité de lait employée à la fabrication du fromage qui vient d'être marquée à son nom, et qui lui appartient, dès ce moment, quoi qu'il arrive et malgré que le fruitier doive continuer à le soigner concurremment avec les autres, et que la vente doive, la plupart du temps, se faire en commun; car, alors, il retire du prix total une somme proportionnelle au nombre de kilogrammes de fromage marqué à son nom.

Porcherie.

On entretient dans l'exploitation douze truies de race bressanne, un mâle de race anglaise new-leicester.

Ce croisement donne de bons produits; les femelles sont très fécondes, les petits sont vendus à six semaines, au prix de 25 fr. la tête. Ils sont appréciés, recherchés et d'une vente facile dans le pays.

Abeilles.

M. de Lénoncourt n'a négligé aucune source de produits : les abeilles, ces vigilantes ménagères, chargées de recueillir le suc des plantes, d'en remplir leurs ruches pour le livrer ensuite à nos tables, sont à Bussières l'objet de soins intelligents. Le produit du rucher s'élève annuellement à 300 fr.

Animaux.

L'effectif des animaux de trait se compose :
Chevaux ou juments 9
Celui des bêtes de vente comprend :
Vaches à l'engrais. 7
Vaches et taureaux 44
Truies, 12; porcs, 4; total, 16; en gros bétail. 4
Soit têtes de gros bétail 64

Nous avons dit plus haut que les terres du domaine, déduction faite des bois, avaient une contenance de 80 hectares, c'est donc par hectare 8/10ᵉ de tête; mais avec cette condition que tous ces animaux sont adultes, qu'ils sont de grande taille et soumis à la stabulation permanente.

La proportion en poids vivant pourrait s'établir ainsi :

9 chevaux, à 600 kilogr. . . . . 5,400 k.
5 vaches , 2 bœufs à l'engrais, 700 kilogr. . 4,900
44 vaches à 600 kilogr. 26,400
16 porcs à 100 kilogr. 1,600
Poids vif. . . . 38,300 k.

Soit sur une étendue de 80 hectares, un poids vivant de 38,300 kilogr. ou 480 kilogr. par hectare.

Produit en fumier.

Nous ne quitterons pas ce sujet sans rechercher la quantité de fumier produite par ces 38,300 kilogr. de bétail; nous aurons, d'après la formule que déjà nous avons employée :

$$38,300 \times 25 = \frac{957,500}{80} = 11,970 \text{ kilogr.}$$

c'est-à-dire 38,300 poids du bétail vif $\times$ 25 , quantité d'engrais que doit donner en un an le bétail (25 fois son poids) = 957,500 kilogr., divisé par 80, nombre d'hectares exploités, donne 11,970 kilogr. pour chaque hectare.

Nous avons supposé que les animaux, soumis à une stabulation permanente, produiraient vingt-cinq fois leur poids en fumier : ce chiffre ne devra pas paraître exagéré si on considère que tous reçoivent une nourriture abondante, qu'un certain nombre sont soumis à l'engraissement, que toutes les pailles sont employées en litières.

Nous allons rechercher maintenant quelle est la quantité de nourriture produite pour les animaux sur le domaine, et nous assurer qu'elle est suffisante pour l'entretien de 38,300 kilogr. de poids vif.

Voici les tableaux qui résument ces calculs :

Prés,   27 hect. × 6,000 = 162,000 k. × par l'équiv. 1   = 162,000 k.
Artificielles, 25   × 9,000 = 225,000   ×   1.20 = 270,000
Racines,   5.25   × 29,500 = 155,000   ×   0.25 = 38,000
Avoine,   8.20   × 2,000 = 16,400   ×   2   = 33,000

       Total en équivalent de foin normal,   503,000

Il conviendrait d'ajouter à ce total 8,000 kil. environ de tourteaux
employés qui, × par l'équivalent 3, =   24,000

           Total général,   527,000

Ainsi, sans comprendre les débris du battage, menus
grains et balles, sans comprendre les pailles, qui restent
complétement pour les litières, la ferme de Bussières
fournit 503,000 kilogr. d'équivalent-foin, et avec les tourteaux 527,000 kilogr. de même équivalent.

Nous avons précédemment admis, en nous appuyant
sur l'opinion de Boussingault, qu'un animal consomme
par année douze fois son poids de foin normal ou son
équivalent ; nous serons donc amenés, en nous confor-
mant de nouveau à cette règle, aux chiffres suivants :
38,300 kilogr. de bétail × 12 = 459,600 kilogr.; de telle
sorte que la ferme de Bussières, après avoir prélevé la
paille pour litière, fournirait 503,000 kilog. d'équivalent-
foin, au lieu de 459,600 kilog. qui sont indispensables; il
y a donc un stock de 43,400 kilogr., et, si on ajoute les
tourteaux, de 51,000 kilogr., qui devra supporter les
ventes d'avoine, mais dans tous les cas ne sera pas complétement absorbé par cette opération.

Lorsque nous avons recherché la quantité de fumier
produite, nous avons pris pour base le poids des animaux vivants, et nous avons préféré ce système à celui
qui consiste à évaluer le fumier produit, d'après les aliments consommés, parce qu'il nous a semblé qu'il serait
plus facile d'apprécier exactement le poids des animaux
que celui des récoltes.

Voyons cependant quels résultats nous obtiendrions
par ce deuxième procédé.

Le domaine, avons-nous dit, produit 503,000 kilogr. de foin normal ou son équivalent ; or, on sait qu'un kilogr. de foin, consommé dans des conditions ordinaires, doit produire 2 kilogr. 20 de fumier, et comme nous sommes dans des conditions au moins ordinaires, nous aurons :

$$503,000 \times 2.20 = \frac{1.106.600}{80} = 13,800 \text{ kilogr.}$$

Nous n'avions trouvé, en prenant pour base le poids des animaux, que :

957,500 kilogr., et par hectare, 11,970 kilogr.

En adoptant celle du foin consommé, nous avons 1,106,600 kilogr. et 13,800 par hectare.

La différence est donc de 148,500 kilogr., et par hectare, 1,800 kilogr.

Cette différence, de près d'un douzième, ne paraîtra pas extraordinaire si on se rappelle surtout que nous avions un stock de fourrages disponibles qui, consommé, nous aurait conduit exactement au même résultat.

M. de Lénoncourt faisant tout pour créer le plus d'engrais possible, on devait s'attendre à trouver ses fumiers entourés de soins minutieux et bien entendus ; en effet, ils sont parfaitement aménagés, élevés sur deux plates-formes au milieu desquelles se trouve un fossé destiné à recevoir les purins.

Ceux-ci sont employés soit à l'arrosage des fumiers, soit à l'arrosage des prés, où ils sont transportés à l'aide d'un tonneau ; une pompe rustique, bien montée, facilite ces opérations.

L'engrais solide est transporté aux champs, de trois mois en trois mois, dès que la masse a passé au brun.

Instruments.

Nous avons déjà eu occasion, à l'article labours, de parler des instruments employés sur le domaine. Nous

nous contenterons de dire qu'ici encore M. de Lénoncourt n'est pas resté en arrière, et que l'état dans lequel on voit chez lui les scarificateurs, les charrues sous-sol, les houes, les rouleaux plus ou moins puissants, témoigne de l'usage fréquent qu'il n'a cessé d'en faire.

Comptabilité.

La comptabilité est tenue en partie double.

Les recettes et les dépenses, inscrites chaque jour sur un brouillard, sont reportées au journal tous les huit jours.

Elles sont ensuite reportées aux comptes divers sur le grand-livre.

Les livres auxiliaires servent à inscrire :

1° Les journées des manœuvres, avec indication des comptes auxquels elles ont été employées.

2° Le travail des attelages.

3° Les entrées et sorties des marchandises en magasin.

4° Les sommes dues par divers.

A la fin de l'année, les comptes ménage, frais généraux, attelages, magasins, etc., sont répartis entre les différents comptes consommateurs.

Au total de chaque compte producteur de récoltes, on ajoute l'intérêt du prix des fonds, et on cherche le prix de revient réel de chaque production.

C'est à ce prix qu'elles sont consommées dans l'exploitation.

Chacun des comptes de culture, que nous appellerons les véritables flambeaux de l'économie rurale, se détache clairement.

La balance des écritures et la balance pour solde se font à la manière ordinaire employée dans les comptabilités commerciales.

Chaque année, au 1er janvier, l'inventaire se fait avec le plus grand soin.

Nous avons abrégé l'étude du domaine de Bussières autant qu'il était possible.

En suivant l'exploitation dans tous ses détails, nous l'aurions constamment montrée sagement, judicieusement, économiquement, conduite.

Nous n'avons rencontré, chemin faisant, rien d'exceptionnel, aucun tour de force, mais partout une saine pratique, des idées réfléchies, un progrès bien entendu, des innovations utiles, mais jamais hasardées.

L'exécution ne laisse rien à désirer, le commandement est sûr; tout enfin dans le domaine de Bussières se présente comme un modèle facile à imiter.

Bail ancien.

Il ne nous reste plus, avant de clore ce rapport, qu'à porter nos regards sur le passé, afin de voir le chemin que M. de Lénoncourt a parcouru pour arriver au point où nous venons de le rencontrer.

Les terres composant le domaine dont nous venons de suivre l'exploitation étaient, il y a dix ans, affermées moyennant 3,000 francs.

Très souvent les fermiers ne pouvaient satisfaire à leurs engagements, car leurs récoltes étaient faibles, leurs écuries presque désertes, et la terre ne pouvait s'améliorer par les rares engrais qu'elle recevait.

Produit.

En 1867, le produit de ce même domaine était de 14,000 francs; en 1868, il sera, eu égard à la récolte exceptionnelle des céréales, certainement plus élevé : voilà un résultat!

Jetons maintenant un coup d'œil sur la valeur du domaine, sur le capital de roulement, le rendement annuel, en suivant année par année les changements opérés, les résultats obtenus.

Le tableau suivant facilitera cette étude.

Années.	Valeur du domaine.	Capital de roulement.	Rendement annuel.	Intérêts de l'immeuble 3 p. 100.	Reste pour le capital de roulement.	Taux de l'intérêt par an du capital de roulement.	Taux de l'intérêt du capital de roulement pour une période décennale.
1860	110,000	20,000	4,500	3,300	1,302	6 05	
1861	110,000	20,000	5,247	3,300	1,947	9 73	
1862	120,000	23,000	4,936	3,600	1,136	4 94	
1863	120,000	26,721	5,549	3,600	1,749	6 55	6 53
1864	120,500	31,721	5,170	3,615	1,555	4 90	
1865	212,825	47,934	6,901	6,384	517	1 08	
1866	213,398	51,083	8,914	6,402	2,512	5 »	
1867	214,169	55,324	13,951	6,423	7,528	13 61	
1868	214,305	60,225					

Si nous ne faisons remonter cette étude qu'à 1860, la raison en est qu'à cette dernière époque seulement, le faire-valoir de M. de Lénoncourt comprenait tout le domaine, qui avant cela était encore affermé pour une partie.

Amélioration du domaine.

On voit par ces chiffres que le domaine, estimé 110,000 francs en 1860, atteint en 1868 une valeur de 214,000 francs ; différence, 104,000 francs.

Quelques éclaircissements paraîtront indispensables pour expliquer les causes de cette augmentation.

Il est bon de savoir qu'elle est basée :

1° Sur une dépense de 30,000 francs se décomposant ainsi : 6,000 fr. pour augmentation et agrandissement des bâtiments ; 24,000 fr. pour la construction de la grange et de l'étable des bêtes bovines, ci . . . . . . 30,000 fr.

2° Acquisition du moulin, réparations à
cet immeuble   24,000

3° Soulte donnée dans des échanges faits
en vue d'agrandissement et de réunion de
parcelles.   3,000

4° Améliorations, drainage, etc.   12,000

5° Enfin, plus-value à attribuer au domaine par suite de l'accroissement des produits, et surtout pour le mettre en rapport
avec la valeur vénale des propriétés de la
commune, qui ne fait que s'accroître depuis
la suppression de la vaine pâture, soit
35,000 fr., ci.   35,000

Total. . . . . 104,000 fr.

Capital de roulement.

Le même tableau nous fait voir que le capital de roulement s'est augmenté dans des proportions plus grandes
encore, et que de 20.000 fr. il s'est monté à 60,000 fr.
Ces chiffres s'expliquent tout naturellement par l'accroissement annuel et des produits et du mobilier.

Quant au rendement, il part de 4,500 fr. pour arriver
à 14,000 fr. ; de sorte que, quoique l'exploitation ait à
payer l'intérêt de l'immeuble sur une somme double, ou,
en d'autres termes, quoique le canon, qui était de 3,500 fr.
en 1860, soit en 1867 de 6,500 fr., il reste encore pour
l'intérêt du capital de roulement, une somme suffisante
pour que ce capital, devenu trois fois plus grand, pro-
duise 13 p. 0/0, au lieu de 6 fr. 53 c. p. 0/0 d'intérêt
annuel produit pendant la période décennale.

Parallèle entre les concurrents.

Nous terminerons l'étude de l'exploitation de Bussières en la comparant successivement aux exploitations de ses compétiteurs, et nous dirons :

M. Pernot a tiré grand parti des prairies artificielles, il a réalisé des améliorations dans les prairies naturelles ; il entretient 600 kilogrammes de bétail, poids vif, sur un hectare : il réalise des bénéfices.

Ce sont là des titres qu'il partage avec M. de Lénoncourt ; mais il n'a pas, comme lui, changé d'assolement, tiré parti du lait par l'introduction d'une nouvelle industrie dans le pays, etc.

M. Hory-Hory a su créer des prairies et une oseraie ; mais là se bornent à peu près ses travaux, qui n'embrassent pas, comme ceux de M. de Lénoncourt, tous les essais menés à bonne fin, dont se compose une exploitation complète.

M. Mamy, dans son exploitation, qui est peut-être trop récente, a réalisé des améliorations : son bétail est beau et nombreux ; sa famille est intéressante ; ses résultats sont bons ; mais on rencontre tout cela à Bussières, et de plus, une comptabilité, un assolement perfectionné, qu'on ne rencontre pas chez M. Mamy.

M. Patey a fait des efforts inouïs ; il a su, lui aussi, tirer un parti immense de la ferme de la Rente du Puits ; son bétail est bien tenu, il est nombreux. M. Patey fait des récoltes splendides, il fait d'excellentes affaires ; mais on trouve tout cela chez M. de Lénoncourt, et de plus, une comptabilité, des bâtiments qui peuvent servir de modèle, ce qui manque complétement chez M. Patey.

S'il fallait énumérer tous les titres que M. le marquis d'Andelarre a à la reconnaissance publique, tous les services qu'il a rendus à l'agriculture, les enseignements utiles qu'il a prodigués, la nomenclature serait trop longue !

Contentons-nous de dire que M. le marquis d'Andelarre a amélioré son domaine ; qu'il entretient un bétail nombreux ; que les bâtiments sont splendides, sans avoir nécessité des dépenses exagérées ; que la comptabilité minutieuse, que nous avons peut-être déjà trouvée trop parfaite, est tenue avec un soin tout exceptionnel ; que l'ordre règne en souverain dans son exploitation ; qu'il a foi dans l'œuvre qu'il a entreprise ; que son énergie augmente en proportion des difficultés à vaincre ; que, fort de sa conviction, trente années de travaux préparatoires soldés par des pertes, n'ont pu l'ébranler, et qu'il espère avec raison de toucher, dans un avenir très prochain, le but proposé.

Mais, comme notre jugement doit porter non sur l'avenir, mais sur des faits acquis, convenons que, comme M. de Lénoncourt, il n'est pas parvenu à réformer, nonseulement son assolement, mais celui de ses voisins ; qu'en un mot, il n'est pas encore arrivé.

Conclusions.

M. de Lénoncourt, après avoir, dans la commune de Bussières, obtenu la suppression de la vaine pâture et mérité, par cet acte, la reconnaissance de ses concitoyens, a remplacé l'assolement triennal par un assolement de quatre ans, essentiellement améliorant.

Il a drainé, défoncé, assaini les prairies trop humides.

Il a tiré tout le parti possible des prairies artificielles et des racines.

Ses bâtiments sont beaux, bien construits, sans luxe inutile et peuvent servir de modèles.

Comprenant que toute agriculture, pour être prospère, devait être industrielle, c'est par ses soins qu'une fruitière, aussi favorable aux intérêts des habitants de Bussières qu'aux siens, a été installée dans ses anciens bâtiments de ferme.

Son bétail est nombreux et bien nourri.

Ses fumiers sont bien soignés, les engrais liquides parfaitement utilisés.

Des eaux, heureusement extraites des terrains humides, sont habilement concentrées et appliquées au battage et à la mouture des grains, au débit du bois, à la fabrication de l'huile.

Il n'a pas ménagé les amendements : la chaux, le plâtre, la charrée, sont ses constants auxiliaires.

Il emploie utilement les instruments perfectionnés.

Sa comptabilité est claire et suivie ; ses bénéfices sont certains.

En un mot, M. le comte de Lénoncourt a réalisé tous les progrès qu'on rencontre, à la vérité, mais partiellement, chez ses concurrents.

Son domaine est soumis à une culture sagement dirigée, en rapport parfait avec les circonstances locales : bien réglée dans ses dépenses, productive dans ses résultats, elle remplit parfaitement les conditions du programme.

C'est l'école brillante où les sujets les plus variés sont traités avec succès, dirigée par l'homme inventif et hardi, au coup d'œil sûr, à la science profonde, qui a réussi à consacrer la légitimité des progrès agricoles par les bénéfices qu'il a su en retirer.

N'oublions pas de dire qu'un grand exemple s'ajoute aux titres que nous venons de faire valoir : c'est que la vie entière du propriétaire du domaine de Bussières est consacrée à son œuvre : c'est que ces améliorations sans nombre, il ne les a pas tracées ou communiquées de loin : il est là présent, il les poursuit lui-même, et, avec lui, viennent prendre part à l'œuvre entreprise, deux personnes qu'envie la société des villes, la mère et l'épouse de M. le comte de Lénoncourt.

Devant cette supériorité multiple, comment le jury

aurait-il hésité à couronner les travaux de M. de Lénoncourt par la prime d'honneur?

C'est donc à l'unanimité qu'il lui décerne cette haute récompense.

Tels sont, Messieurs, les résultats d'une mission que le jury a remplie avec conscience, qu'il vous a exposée avec franchise, et dont il espère la sanction par l'opinion éclairée du pays.

BESANÇON, IMPR. DE J. JACQUIN.

www.ingramcontent.com/pod-product-compliance
Ingram Content Group UK Ltd.
Pitfield, Milton Keynes, MK11 3LW, UK
UKHW031725170726
13836UKWH00001B/443